Beim Brandschutz ist die Lösung oft die Lösung.

Zugegeben, eines unserer besten Löschmittel beruht weitgehend auf Schaumschlägerei. Denn zum Löschen bekommen Sie von uns Wasser, Seife, Salz – und ein minimaxspezifisches Extra: eine wässrige Lösung aus Schaumbildnern und hochwirksamen Additiven – MINIMAXOL®.

Das Geheimnis dieser Lösung liegt im Kühl-, Sperrschicht- und Trenneffekt. So löscht MINIMAXOL® feste Stoffe der Brandklasse A durch den Kühleffekt des Wassers und bildet eine Salzkruste, die dem Wiederaufflackern entgegenwirkt. Bei flüssigen und flüssig werdenden Stoffen der Brandklasse B verhindern ein gleitfähiger Film und eine Schaumschicht sowohl den Zutritt von Sauerstoff als auch das Aufsteigen brennbarer Dämpfe. Damit ist das umweltverträgliche und physiologisch unbedenkliche MINIMAXOL® in den meisten Fällen die optimale Lösung für den vorbeugenden Brandschutz.

Minimax ist der einzige Anbieter für den kompletten Brandschutz, der mit eigenem Fachpersonal forscht, projektiert, produziert, installiert, wartet, instandsetzt und schult. Deshalb können wir sagen: **Wir übernehmen Verantwortung.**

Brandschutz und Sicherheitstechnik

Minimax GmbH
Geschäftsbereich Mobiler Brandschutz
Minimaxstraße 1 · 72574 Bad Urach
Telefon: 0 71 25/1 54-0 · Fax: 0 71 25/1 54-1 00
E-mail: info@minimax.de · http://www.minimax.de

Folgende Rote Hefte sind bisher erschienen:

II

Fortsetzung auf Seite III am Schluß des Textes

Rotes Heft 14

Feuerlöscher

von
Dipl.-Ing. Reimund Roß
Branddirektor (Berliner Feuerwehr)
Dipl.-Ing. Peter Symanowski
Brandamtmann (BF Münster)

10., völlig überarbeitete Auflage 2001

Verlag W. Kohlhammer

10., völlig überarbeitete Auflage 2001
ISBN 3-17-016720-0

Vorwort

Das vorliegende Heft »Feuerlöscher« soll sowohl dem Feuerwehrmann als auch allen anderen auf dem Gebiet des vorbeugenden Brandschutzes tätigen Behörden, Ämtern, Berufsgenossenschaften, Architekten, Schadenverhütungsverbänden, der Versicherungswirtschaft und anderen in Frage kommenden Stellen und Personen, sowie den Unternehmen und Betrieben selbst, die zur Bereitstellung von Feuerlöschern verpflichtet sind, eine Hilfe sein, die rechtlichen Grundlagen, technischen Zusammenhänge, Ausstattungs- und Anwendungsmöglichkeiten kennen zu lernen.

Es berücksichtigt die grundlegenden Änderungen auf dem Gebiet der Feuerlöscher, welche sich durch die Einführung der DIN EN 3 ergeben haben. So sind in diesem Heft Tabellen und Bilder zu Prüfvorschriften und Nennfüllmengen aus der DIN EN 3 enthalten. Eine wesentliche Änderung gegenüber der bisherigen DIN 14406 ist die Leistungsbewertung der Feuerlöscher, welche heute auf jedem Feuerlöscher für die einzelnen Brandklassen angegeben wird. In Abhängigkeit dieser Leistungswerte ist es möglich, die Anzahl der erforderlichen Feuerlöscher festzulegen, wobei man sich der Rechenhilfsgröße »Löschmitteleinheiten« bedient. Abhängig von Raumgröße und Brandrisiko muss eine bestimmte Anzahl von Löschmitteleinheiten zur Verfügung stehen. Diese Löschmitteleinheiten können durch verschiedene Löscher abgedeckt werden, solange diese für die vorherschende Brandklasse geeignet und zugelassen sind.

Verschiedene Typen von Feuerlöschern werden in einem eigenen Kapitel vorgestellt. Die zugehörigen Abbildungen wurden uns freundlicherweise von den Gloria-Werken zur Verfügung gestellt.

Die Tabellen zur Ermittlung von Löschmittel-Einheiten und der Brandgefährdung entstammen den berufsgenossenschaftlichen Regeln BGR 133 (ZM 1/201) und sind mit Genehmigung des Carl Heymanns Verlages abgedruckt.

Berlin und Münster   *Reimund Roß*
im Frühjahr 2001   *Peter Symanowski*

Inhaltsverzeichnis

1 Allgemeines

1.1 Begriffe

1.1.1 Feuerlöscher

Feuerlöscher sind Selbsthilfeeinrichtungen, die der Bekämpfung von Entstehungsbränden dienen. Ein Feuerlöscher enthält ein bestimmtes Löschmittel, das durch Innendruck ausgestoßen wird und durch den Anwender gezielt auf einen Brandherd gerichtet werden kann. Der Innendruck kann gespeicherter (Dauer-) Druck sein oder durch Freigeben eines Treibgases erreicht werden.

1.1.1.1 Tragbare Feuerlöscher
Zu den tragbaren Feuerlöschern gehören alle Feuerlöscher, die getragen und von Hand bedient werden können. Ihr Gesamtgewicht im betriebsbereiten Zustand darf 20 kg nicht überschreiten.

1.1.1.2 Mobile Feuerlöscher
sind fahrbare Feuerlöscher, deren Gesamtgewicht im betriebsbereiten Zustand 20 kg überschreitet. Sie sind vorrangig für den Einsatz an größeren Brandobjekten in der Industrie geeignet.

1.2 Farbe des Feuerlöschers

Die Farbe des Löschmittelbehälters muss rot sein.

1.3 Beschriftung

Die Beschriftung auf dem Feuerlöscher muss die Angaben der Schriftfelder 1 bis 5 enthalten (Bild 1).

Zuordnung und Größe werden in der DIN EN 3–5 geregelt.

1.4 Brandklassen

Zur Klassifizierung der Leistungsfähigkeit und der Eignung von Löschmitteln und von Feuerlöschgeräten werden die brennbaren Stoffe in Brandklassen unterteilt. Nach der DIN EN 2 werden die verschiedenartigen Brände in vier Klassen eingeordnet, die durch die Natur des Brennstoffes festgelegt werden können.

Klasse A: Brände fester Stoffe, hauptsächlich organischer Natur, die normalerweise unter Glutbildung verbrennen,
z. B. Holz, Stroh, Heu, Faserstoffe, Kohlen, Autoreifen, Kunststoffe,....

Klasse B: Brände von flüssigen oder flüssigwerdenden Stoffen,
z. B. Paraffin, Wachs, Harz, Fett, Öle, Lacke, Teer, Motoren-Kraftstoffe, Ether, Alkohol, ...

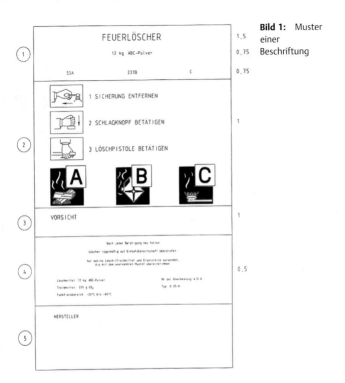

Content within the image:

FEUERLÖSCHER

12 kg ABC-Pulver

SSA   233B   C

1 SICHERUNG ENTFERNEN

2 SCHLAGKNOPF BETÄTIGEN

3 LÖSCHPISTOLE BETÄTIGEN

A   B   C

VORSICHT

Nach jeder Betätigung neu füllen.
Löscher regelmäßig auf Einsatzbereitschaft überprüfen.
Nur solche Lösch-/Treibmittel und Ersatzteile verwenden,
die mit dem anerkannten Muster übereinstimmen.

Löschmittel: 12 kg ABC-Pulver   Nr. der Anerkennung: 419 A
Treibmittel: 225 g CO₂   Typ: X 25 H
Funktionsbereich -20°C bis +60°C

HERSTELLER

Klasse C: Brände von Gasen,
z. B. Methan, Propan, Wasserstoff, Acetylen, Erdgas, ...

Klasse D: Brände von Metallen,
z. B. Aluminium, Magnesium, Lithium, Natrium, Kalium und
deren Legierungen.

11

1.5 Löschmittel

Ein Löschmittel ist eine löschwirksame Substanz, die im Feuerlöscher vorhanden ist und beim Auftreffen auf den Brandherd wirksam wird. In Deutschland gibt es zurzeit vier anerkannte Löschmittelgruppen:
- Wasser und Wasser mit Zusätzen,
- Kohlendioxid,
- Feuerlöschpulver,
- Schaumlöschmittel.

1.5.1 Wasser und Wasser mit Zusätzen

Kein anderes Löschmittel hat ein so hohes Wärmebindungsvermögen wie das Wasser. Die abkühlende Wirkung des Wassers beruht auf seiner hohen spezifischen Wärmekapazität und der besonders hohen Verdampfungswärme des Wassers. Dieser Kühleffekt des Wassers lässt sich praktisch aber nur bei der Brandbekämpfung von Bränden der *Klasse A* ausnutzen. Bei Bränden der Klassen B und C ist Wasser wirkungslos. Wasser hat eine sehr hohe Oberflächenspannung und ist nicht frostsicher. Diese Nachteile können durch verschiedene Zusätze wie z. B. Tenside zur Verringerung der Oberflächenspannung oder Alkohole und verschiedene anorganische Salze für den Frostschutz ausgeglichen werden. Wasser kann auf Grund seiner Eigenschaften nicht bei Fett- und Metallbränden eingesetzt werden. Wegen seiner elektrischen Leitfähigkeit gibt es Einschränkungen beim Einsatz an elektrischen Anlagen. Die Mindestabstände nach DIN VDE 0132 sind zu beachten.

1.5.2 Kohlendioxid

Kohlendioxid ist ein von Rückstand freies und umweltfreundliches Löschmittel, welches sich für die Bekämpfung von Bränden der Brandklasse B eignet. Die Löschwirkung beruht auf den Stickeffekt.

Kohlendioxid für Löschzwecke wird aus natürlichen Vorkommen gewonnen und nicht eigens chemisch hergestellt oder synthetisiert; deshalb steht das Löschmittel auch nicht auf Grund des Treibhauseffektes zur Disposition.

Kohlendioxid ist nicht elektrisch leitend und nicht frostempfindlich. Haupteinsatzgebiete sind u. a. Laboratorien, EDV-Anlagen und elektrische Anlagen. Auf Grund seiner toxischen Eigenschaften gilt besondere Vorsicht beim Einsatz in engen, schlecht belüfteten Räumen.

1.5.3 Feuerlöschpulver

Feuerlöschpulver bestehen aus anorganischen Stoffen. Hauptbestandteile von ABC-Löschpulver sind Ammoniumdihydrogenphosphat und Ammoniumsulfat. Die Löschwirkung besteht vorwiegend aus dem Inhibitionseffekt (d. h. die Oxidationsgeschwindigkeit wird so verringert, dass eine selbstständig ablaufende Reaktion nicht mehr möglich ist) und dem Stickeffekt. Nach ihrer Eignung für bestimmte Brandklassen unterscheidet man
- ABC-Löschpulver,
- BC-Löschpulver,
- D-Löschpulver.

Löschpulver zeichnet sich durch eine schlagartige Löschwirkung aus. Durch den nur geringen bzw. fehlenden Kühleffekt kann es zu Rückzündungen kommen.

Löschpulver kann für alle Brandklassen eingesetzt werden, bringt jedoch eine starke Staubbelästigung und somit meist ungewollte Folgeschäden mit sich.

1.5.4 Schaumlöschmittel

Schaum ist ein Löschmittel, welches durch Verschäumung eines Wasser-Schaummittelgemisches mit Luft erzeugt wird. Die Löschwirkung von Schaum beruht auf den Stickeffekt, indem der Schaum eine Deckschicht auf dem Brandgut bildet. Diese verhindert, dass brennbare Dämpfe in die Reaktionszone strömen. Durch den hohen Wasseranteil ist gleichzeitig ein Kühleffekt vorhanden.

Schaumlöschmittel sind geeignet für die Brandklassen A und B.

1.6 Benennungen für Feuerlöscher

Ein Feuerlöscher muss nach der Art des Löschmittels, das er enthält, benannt werden. Es wird unterschieden in

– Wasserlöscher,
– Schaumlöscher,
– Pulverlöscher,
– Kohlendioxidlöscher.

1.7 Funktionsdauer

Jeder Feuerlöscher muss für eine bestimmte Zeit einsatzwirksam sein. Das ist die Zeit, in der das Löschmittel kontinuierlich bei vollständig geöffneter Unterbrechungseinrichtung ohne Berücksichtigung des restlichen Treibgases austritt. Die Funktionsdauer muss entsprechend der DIN EN 3–1 größer oder gleich dem Wert aus Tabelle 1 sein.[1] Die Prüfung wird nach DIN EN 3–1 Anhang A durchgeführt.

1.7.1 Restmenge

Die im Feuerlöscher verbleibende Löschmittelmenge darf nicht mehr als 10 % der Nennfüllung betragen.

Tabelle 1 Funktionsdauer in Abhängigkeit der Füllmenge

Löschmittel-Füllmenge (x) kg oder l	Mindest-Funktionsdauer s
$x \leq 3$	6
$3 < x \leq 6$	9
$6 < x \leq 10$	12
$10 < x$	15

---

[1] Die Anforderungen der Mindestfunktionsdauer nach Tabelle 4 in EN 3–4:1995 sind ebenfalls zu erfüllen.

1.7.2 Beginn des Löschmittelaustritts

Der Austritt des Löschmittels muss bei Dauerdrucklöschern innerhalb der ersten Sekunde nach Öffnen des Abstellventils erfolgen. Bei Feuerlöschern, bei denen sich der Druck erst durch Freigeben eines Treibgases einstellt und die durch eine einzige Operation am Abstellventil betätigt werden können, muss der Austritt des Löschmittels innerhalb von 4 s nach Öffnung des Abstellventils erfolgen.

1.8 Löschvermögen

Als Löschvermögen bezeichnet man die Fähigkeit eines Feuerlöschers, ein genormtes Brandobjekt mit einer maximalen Löschmittelmenge zu löschen.

1.8.1 Prüfung des Löschvermögens

Ein Feuerlöscher erfüllt die Anforderungen, wenn zwei Prüffeuer einer Serie gelöscht sind, wobei eine Serie aus höchstens drei Prüffeuern besteht.

In Abhängigkeit von der Brandklasse werden unterschiedliche Prüfobjekte in der DIN EN 3-1 definiert.

1.8.2 Prüfobjekt der Brandklasse A

Prüfobjekte der Brandklasse A bestehen aus gestapelten Holzstäben auf einem Metallgestell mit einer Höhe von 250 mm, einer

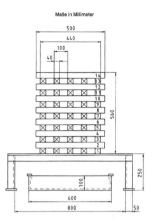

Bild 2: Vorderansicht (ansichtsgleich bei allen Prüfobjekten)

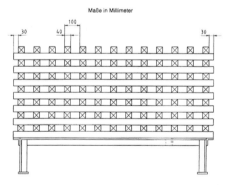

Bild 3: Seitenansicht (veränderlich nach Länge des Prüfobjektes). Dargestellt ist ein Prüfobjekt 13 A Brandklasse A

Breite von 900 mm und einer Länge gleich der des Prüfobjektes. Das Metallgestell (Bilder 2 und 3) muss aus Winkelstahl 50 mm x 50 mm entsprechend ISO 657–1 bestehen.

17

Jedes Prüfobjekt wird durch eine Zahl mit dem nachfolgenden Buchstaben A gekennzeichnet (Tabelle 2). Die Zahl im Kurzzeichen des Prüfobjekts bedeutet:

– die Länge des Prüfobjekts (in Dezimeter), d. h. die Länge der Holzstäbe, die in der Länge des Prüfobjekts angeordnet sind;

– die Anzahl der Holzstäbe von 500 mm Länge für jede Schicht, die in der Breite des Prüfobjektes angeordnet sind.

Die in der Breite der Prüfobjekte angeordneten Holzstäbe (Schichten 2, 4, 6, 8, 10, 12 und 14) müssen eine feste Länge von 500 ± 10 mm haben.

Die in der Länge der Prüfobjekte angeordneten Holzstäbe (Schichten 1, 3, 5, 7, 9, 11 und 13) müssen feste Längen haben, die entsprechend dem Prüfobjekt variieren, wie in Tabelle 2 angegeben, und zwar ebenfalls mit einer Grenzabweichung von ± 10 mm.[2]

Die Tabelle 2 darf nicht über die Größe 55 A der Prüfobjekte hinaus erweitert werden.

Prüfobjekte, die größer als 27 A sind, sind aus Prüfobjekten kleinerer Größe (Prüfobjekte, Gestelle und Zündwannen) entsprechend Tabelle 3 zusammenzubauen. Die Enden der Längsstäbe müssen sich berühren.

Damit die Holzstäbe bei Prüfobjekten größer als 13 A geeignet gestützt werden, sind in das Gestell Metallstreben wie bei den Prüfobjekten 8 A und 13 A einzubauen.

Ein Gestell für das Prüfobjekt 21 A muss zum Beispiel mit Streben in 800 mm Abstand von den Enden ausgerüstet sein.

---

[2] Wenn das Prüfobjekt aus kleineren Prüfobjekten zusammengesetzt ist, gilt die Grenzabweichung für die Länge der einzelnen Stäbe.

Tabelle 2 Prüfobjekte der Brandklasse A

Kurzzeichen des Prüfobjektes	Anzahl der Holzstäbe von 500 mm Länge für jede geradzahlige Schicht	Länge des Prüfobjekts m
5 A	5	0,5
8 A	8	0,8
13 A	13	1,3
21 A	21	2,1
27 A	27	2,7
34 A	34	3,4
43 A	43	4,3
55 A	55	5,5

Anmerkung: Jedes Prüfobjekt ist durch eine Zahl in einer Serie gekennzeichnet, die sich aus der Summe der beiden vorausgehenden ergibt, d. h., diese Serie von Prüfobjekten stellt eine geometrische Reihe mit dem gerundeten Faktor 1,62 dar. Die zusätzlichen Prüfobjekte 27 A und 43 A ergeben sich durch Multiplikation der vorangehenden Größe mit dem Faktor 1,62.

Tabelle 3 Aufbau von Prüfobjekten der Klasse A

Kurzzeichen des Prüfobjektes	Ausführung des Prüfobjektes
5 A	5 A
8 A	8 A
13 A	13 A
21 A	21 A
27 A	27 A
34 A	21 A + 13 A
43 A	8 A + 27 A + 8 A
55 A	21 A + 13 A + 21 A

Die Holzstäbe müssen aus *Pinus silvestris* (Kiefer) bestehen und einen Massenanteil von 10 % bis 15 % Feuchtigkeit erhalten; sie müssen gesägt sein und einen quadratischen Querschnitt mit der Seitenlänge (39 ± 2) mm haben. Die Dichte des Holzes muss 0,40 kg/dm^3 bis 0,65 kg/dm^3 betragen.

Die Holzstäbe sind in vierzehn Schichten auf dem Metallgestell zu stapeln, wie in den Bildern 2 und 3 dargestellt.

In jeder Schicht müssen die Abstände zwischen den Holzstäben gleichmäßig 6 cm betragen.

1.8.2.1 Prüfbedingungen

Das Prüfobjekt muss, vor Luftzug geschützt, in einem Versuchsraum aufgestellt sein. Der Versuchsraum muss so bemessen sein, dass die natürliche Entwicklung des Feuers oder seine wirksame Bekämpfung nicht beeinträchtigt werden.

Die Zündwanne muss 600 mm breit und 100 mm tief sein.

Die Länge der Zündwanne muss 100 mm größer sein als die Größe des Prüfobjekts.

Sofern Mehrfachgestelle für den Aufbau des Prüfobjekts verwendet werden, ist eine Erhöhung der Gesamtlänge um 200 mm bis 300 mm zulässig.

Die Zündwanne ist symmetrisch unter den Holzstapel zu schieben, der das Prüfobjekt bildet. In die Zündwanne ist bis zu einer Höhe von 30 mm Wasser einzufüllen. Danach ist Heptan mit einer Reinheit wie bei den Prüfobjekten der Brandklasse B in einer Menge einzufüllen, mit der eine Brennzeit von 2 min 30 s erreicht wird.

Das Heptan wird gezündet.

Nach einer Vorbrennzeit von 2 min ist die Zündwanne unter dem Holzstapel zu entfernen. Anschließend wird der Holzstapel 6 min lang brennen gelassen, was eine Gesamtvorbrennzeit von 8 min ergibt. Danach beginnt der Löscheinsatz.

In diesem Moment betätigt der Prüfer den Feuerlöscher und richtet den Strahl auf das Prüfobjekt, wobei er sich nach eigenem Ermessen um das Prüfobjekt herum bewegen darf, um das beste Ergebnis zu erzielen. Der gesamte Inhalt des Feuerlöschers wird entweder kontinuierlich oder in Intervallen ausgebracht.

Die maximale Löschzeit darf nicht länger als 5 min für Prüfobjekte bis zu und einschließlich der Größe 21 A und nicht länger als 7 min für größere Prüfobjekte sein. Der Prüfer muss angeben, wenn der Feuerlöscher vollständig geleert oder das Feuer innerhalb der zulässigen Zeit abgelöscht ist.

In beiden Fällen ist das Feuer nach diesem Zeitpunkt noch 3 min zu beobachten.

Damit die Prüfung als bestanden bewertet wird, ist es wesentlich, dass alle Flammen gelöscht sind. Während der 3-minütigen Beobachtungszeit dürfen keine Flammen entstehen.

1.8.3 Prüfobjekt der Brandklasse B

Prüfobjekte der Brandklasse B sind als Serie von zylindrischen Behältern aus geschweißtem Stahlblech herzustellen, deren Maße in Tabelle 4 angegeben sind. Die Bodenfläche ist in der gleichen Nenndicke auszuführen wie die Wände. Die Grenzabweichung der Dicke und des Wandmaterials muss sich mit der betreffenden nationalen Norm in Übereinstimmung befinden. Auf die Unterseite der Bodenfläche dürfen Versteifungsstäbe oder -streifen mit einem Mindestabstand von 200 mm zwischen den im Wesentlichen parallelen Versteifungselementen aufgeschweißt werden. Alle festgelegten Grenzabweichun-

Tabelle 4 Prüfobjekte der Brandklasse B

| Kurz-zeichen des Prüf-objektes | Stoff-menge $1/3$ Wasser $2/3$ Brennstoff | Maße des Behälters | | | |
		Innendurch-messer am Rand mm	Tiefe ± 5 mm	Wand-dicke mm	Oberflä-che ange-nähert m²
21 B	21	920 ± 10	150	2,0	0,66
34 B	34	1 170 ± 10	150	2,5	1,70
55 B	55	1 480 ± 15	150	2,5	1,73
70 B	70	1 670 ± 15	150	2,5	2,20
89 B	89	1 890 ± 20	200	2,5	2,80
113 B	113	2 130 ± 20	200	2,5	3,55
144 B	144	2 400 ± 25	200	2,5	4,52
183 B	183	2 710 ± 25	200	2,5	5,75
233 B	233	3 000 ± 30	200	2,5	7,32

Anmerkung: Jedes Prüfobjekt ist durch eine Zahl einer Serie gekennzeichnet, die sich aus der Summe der beiden vorausgehenden ergibt, d. h., diese Serie von Prüfobjekten stellt eine geometrische Reihe mit dem gerundeten Faktor 1,62 dar. Die zusätzlichen Prüfobjekte 70 B, 113 B und 83 B ergeben sich durch Multiplikation der vorangehenden Größe mit dem Faktor 1,62.

gen beziehen sich auf den Behälter zur Zeit seiner Herstellung.

Tabelle 4 darf nicht über 233 B hinaus erweitert werden.

Diese Prüfobjekte werden durch eine Zahl mit nachfolgendem Buchstaben B gekennzeichnet, wobei diese Zahl das im Behälter enthaltene Flüssigkeitsvolumen in Liter darstellt.

Die Oberfläche des Behälters in Quadratdezimeter ist gleich dem Produkt aus der Größe des Prüfobjekts mit dem Faktor 2.

Die Behälter werden mit einem Wasserpolster verwendet. Das Füllverhältnis beträgt: $1/3$ Wasser zu $2/3$ Brennstoff. Die Wasserhöhe beträgt dann etwa 10 mm, die Brennstoffhöhe 20 mm.

Der Mindestabstand der Brennstoffoberfläche vom Rand des Behälters muss 100 mm für Prüfobjekte der Größen bis und einschließlich 70 B und 140 mm für größere Prüfobjekte betragen.

Die Höhe vom Boden bis zum Rand des Behälters darf nicht mehr als 350 mm betragen.

Der Aufbau des Behälters muss so sein, dass keine Luft unter den Behälter strömen kann, oder es muss Sand oder Erde um den Behälter bis zum Boden, jedoch nicht darüber, gefüllt werden.

Nach jeder Prüfung müssen mindestens 5 mm des Brennstoffs zurückbleiben.

Bei aufeinander folgenden Prüfungen, bei denen nur Pulver- und Kohlendioxidfeuerlöscher benutzt werden, darf zum bestehenden Prüfobjekt Brennstoff nachgefüllt werden.

Nach dem Ermessen des Prüflabors müssen bei der Prüfung von Pulverfeuerlöschern neuer Brennstoff und Wasser verwendet werden, wenn angenommen wird, dass eine Verunreinigung des Brennstoffes die Ergebnisse beeinflusst.

1.8.3.1 Prüfbedingungen

Die Windgeschwindigkeit darf maximal 3 m/s betragen.

Als Brennstoff für die Prüfobjekte der Brandklasse B wird ein aliphatischer Kohlenwasserstoff – allgemein Heptan technisch genannt – mit den folgenden Eigenschaften verwendet:

– Destillationskurve: 84 °C bis 105 °C,
– Temeraturdifferenz zwischen Anfangs- und Endprodukt der Destillation: ≤ 10 °C,
– Aromatenanteil (V/V): ≤ 1 %,
– Dichte bei 15 °C: 0,680 bis 0,720.

Die Prüfung muss innerhalb von 10 s beginnen, nachdem das Feuer volle 60 s frei gebrannt hat.

1.8.4 Prüfobjekt der Brandklasse C

Ein Gasbrand, entstanden am Ende einer 2 m langen Rohrleitung, die an eine Flüssigkeitsflasche mit 75 kg Füllmenge angeschlossen ist, muss von einem Löscher mit einer Füllmenge von mehr als 3 kg zweimal abgelöscht werden können.

1.8.5 Prüfobjekt der Brandklasse D

Jeweils 3 kg einer Magnesiumlegierung sowie 3 kg Natrium müssen nacheinander in einer Wanne von 50 x 50 cm nach einer bestimmten Vorbrennzeit mit einer Löscherfüllung abgelöscht werden können.

1.9 Füllmengen/Mindestanforderungen an das Löschvermögen

Der Teil 4 der DIN EN 3 legt die Füllmengen für tragbare Feuerlöscher und Mindestanforderungen an das Löschvermögen fest, d. h. die maximale Löschmittelmenge, die zum Ablöschen eines gegebenen Brandobjekts gebraucht wird.

1.9.1 Nennfüllmengen

Die Nennfüllmengen müssen je nach Löschmittelbeschaffenheit einem der in Tabelle 5 angegebenen Werte entsprechen.

Tabelle 5 Nennfüllmengen

Löschpulver		CO_2	Halone	Wasser, wässrige Löschmittel und Schaum
vorzugsweise anzuwenden kg	zulässig kg	kg	kg	l
–	1	–	1	–
2	–	2	2	2
–	3	–	–	3
–	4	–	4	–
–	–	5	–	–
6	–	–	6	6
9	–	–	–	9
12	–	–	–	–

In Deutschland gilt das Anwendungs*verbot* für Halone.

1.9.2 Zulässige Abweichungen der Nennfüllmenge

Die in Tabelle 6 angegebenen Abweichungen von der Nennfüllmenge sind zulässig.

Tabelle 6 Abweichungen der Nennfüllmenge

Löschpulver	CO_2, Halone, Wasser und wässrige Löschmittel, Schaum
1 kg ± 5 % 2 kg ± 3 % ≤ 3 kg ± 2 %	+ 0 % – 5 %

In Deutschland gilt das Anwendungs*verbot* für Halone.

1.9.3 Mindestanforderungen an das Löschvermögen

Die maximal zulässige Füllmenge des Löschmittels, die für das Ablöschen festgelegter Prüfobjekte erforderlich ist, muss entsprechend Tabellen 7 und 8 festgelegt sein.

1.9.3.1 Mindestanforderungen an das Löschvermögen für Prüfobjekte der Brandklasse A

Tabelle 7 Maximal zulässige Löschmittelmenge für Prüfobjekte der Brandklasse A

Prüfobjekt	Höchstmenge des Löschmittels	
	ABC-Pulver	wässrige Löschmittel einschließlich Schaum
	kg	l
5 A	1	3
8 A	2	6
13 A	4	9
21 A	6	–
27 A	9	–
34 A	–	–
43 A	12	–
55 A	–	–

Anmerkung: Die in Spalte 2 und 3 angegebenen Mengen in kg bzw. l geben die Nennfüllmenge des jeweiligen Feuerlöschertyps in den folgenden Ländern an: Belgien, Frankreich, Deutschland, Italien, den Niederlanden, Portugal und Spanien.

1.9.3.2 Mindestanforderungen an das Löschvermögen für Prüfobjekte der Brandklassen B

Tabelle 8 Maximal zulässige Löschmittelmenge für Prüfobjekte der Brandklasse B

Prüfobjekt Kurzzeichen	Minimale Funktionsdauer	Höchstmenge des Löschmittels			
		Löschpulver	CO_2	Halone	wässrige Löschmittel einschließlich Schaum
	s	kg	kg	kg	l
21 B	6	1	2	1	–
34 B	6	2	–	2	2
55 B	9	3	5	4	3
70 B	9	4	–	6	–
89 B	9	–	–	–	–
113 B	12	6	–	–	6
144 B	15	9	–	–	–
183 B	15	12	–	–	9
233 B	15	–	–	–	–

In Deutschland gilt das Anwendungsverbot für Halone.

Anmerkung 1: Die in den Spalten 3, 4, 5 und 6 angegebenen Mengen in kg bzw. l geben die Nennfüllmenge des jeweiligen Feuerlöschertyps in den folgenden Ländern an: Belgien, Frankreich, Deutschland, Italien, den Niederlanden, Portugal und Spanien.

Anmerkung 2: Die minimale Funktionsdauer in Spalte 2 ist dem Prüfobjekt der gleichen Zeile in Spalte 1 zugeordnet. Dabei muss in allen Fällen die minimale Funktionsdauer nach Tabelle 1 in EN 3–1; 1995 eingehalten werden.

2 Technische Anforderungen

Die technischen Anforderungen an tragbare Feuerlöscher und an ihr Zubehör für Gehäuse mit einem Betriebsdruck bis 25 bar sowie für Treibgasflaschen regelt die DIN EN 3–3. Sie dienen der Sicherung gegen Unfälle und Verletzungen bei der Bedienung und Handhabung der Geräte und sichern die einwandfreie Funktionsfähigkeit.

Für die Herstellung von Feuerlöschern dürfen nur Werkstoffe mit bestimmten Materialeigenschaften verwendet werden. Druckbeaufschlagte Teile müssen korrekt dimensioniert sein. Die Behälter werden einem Quetsch- und einem Berstversuch unterzogen. Bestimmte Mindestwanddicken müssen eingehalten werden.

2.1 Tragbare Geräte

Tragbare Geräte sind in den Bildern 4 bis 13 vorgestellt.

2.1.1 Aufbau und Funktion

Der Aufbau und die Funktion der Feuerlöscher werden durch die Art der Löschmittel und der Treibmittel bestimmt. Grundsätzlich besteht ein Feuerlöscher aus:

- dem Löschmittelbehälter,
- dem Treibmittelbehälter,
- den Betätigungs- und Sicherheitseinrichtungen,
- der Löschmitteleinfüllung,
- der Treibmittelfüllung,
- der Aufhängevorrichtung.

2.2 Wasserlöscher

2.2.1 Dauerdrucklöscher

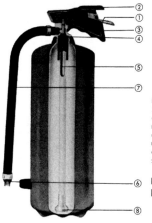

① Sicherungslasche
② Betätigungshebel
③ Handgriff
④ Ventilbolzen
⑤ Steigrohr
⑥ Löschdüse
⑦ Schlauchleitung
⑧ Saugsieb

Funktion

Sicherungslasche ① abziehen, Feuerlöscher ist einsatzbereit. Löschdüse auf den Brandherd richten. Durch Drücken des Betätigungshebels ② am Handgriff ③ wird Ventilbolzen ④ nach unten gedrückt. Das Löschmittel gelangt durch das Steigrohr ⑤ zur Löschdüse ⑥ . Der Löschstrahl kann jederzeit unterbrochen werden.

Bild 4: Wasserlöscher mit Druckhebelarmatur für Handbetätigung

2.2.2 Aufladelöscher

① Abzuglasche
② Tragegriff
③ Durchstoßmesser
④ Schlauchleitung
⑤ Löschdüse

Funktion

Durch Entfernen der Abzuglasche ① ist der Löscher entsichert. Beim Anheben des Tragegriffes ② wird die Treibmittelflasche durch Durchstoßmesser ③ geöffnet, und
der Löschmittelbehälter erhält seinen Betriebsdruck. Das
Löschmittel strömt durch Schlauchleitung ④ und abstellbare Löschpistole mit Löschdüse ⑥ aus.

Bild 5:

Wasserlöscher mit Zughebelarmatur
für Handbetätigung

2.3 Schaumlöscher

2.3.1 Schaum-Aufladelöscher

Funktion

① **Sicherungslasche** abziehen
② **Löschtaste** niederdrücken
③ **CO_2-Flasche**
   Die Durchstoßscheibe der CO_2-Flasche wird geöffnet und das CO_2 zur Aufladung des Behälters freigegeben. Das Gerät ist einsatzbereit.
④ **Steigrohr**
   Das unter Druck befindliche Löschmittel strömt durch das Steigrohr zur Ventilarmatur.
⑤ **Schlauchleitung mit Spezial-Sprühnebeldüse**
   Nach dem Betätigen der Löschtaste fließt das Löschmittel durch die Schlauchleitung zur Sprühnebeldüse. Der Löschmittelstrahl ist jederzeit unterbrechbar.

Bild 6: Schaum-Aufladelöscher

2.3.2 Schaumlöscher mit Kolbenkartusche

Funktion

① **Abzuglasche** entfernen. Gerät ist entsichert
② **Schlagknopf**
   Durch Betätigen des Schlagknopfes wird die Treibmittelflasche ③ geöffnet.
④ Das CO_2 gelangt über das Blasrohr in die Kolbenkartusche, drückt mit dem Kolben das Schaummittelkonzentrat aus der Kartusche und sorgt gleichzeitig für eine 100%ige Vermischung und den Druckaufbau des Löschers.
⑤ **Steigrohr**
   Das Schaumwassergemisch strömt durch das Steigrohr zur Schlauchleitung
⑥ **Löschpistole**
   Durch die abstellbare Löschpistole ist ein dosierter Einsatz möglich.

Bild 7: Schaumlöscher mit Kolbenkartusche

2.4 Pulverlöscher

2.4.1 Dauerdruck-Pulverlöscher

Funktion

① **Sicherungsstift** entfernen. Schlauch mit einer Hand umfassen

② **Auslösehebel** nach unten drücken. Ventildichtkegel ③ öffnet das Ventil.

④ **Steigrohr**
Löschpulver strömt durch das Steigrohr in die Schlauchleitung ⑤.

Bild 8: Dauerdruck-Pulverlöscher

2.4.2 Pulver-Aufladelöscher mit außen liegender Treibmittelflasche

Funktion

① **Drehventil** betätigen. Das CO_2 strömt über das **Blasrohr** ② in den Löschmittelbehälter.

③ **Signalautomatik.** Nach Druckaufbau erscheint der rote Signalstift.

④ **Steigrohr**
Das Pulver strömt durch das Steigrohr zur Schlauchleitung.

⑤ **Löschpistole**
Durch die abstellbare Löschpistole ist ein dosierter Einsatz möglich.

Bild 9: Pulver-Aufladelöscher mit außen liegender Treibmittelflasche

2.4.3 Pulver-Aufladelöscher mit Schlagkopfarmatur und innen liegender Treibmittelflasche

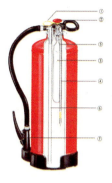

Funktion

① **Abzuglasche** entfernen. Gerät ist entsichert.

② **Schlagknopf**
Durch Betätigen des Schlagknopfes wird die Treibmittelflasche ③ geöffnet.
Das CO_2 gelangt über das Blasrohr ④ in den Löschmittelbehälter.

⑤ **Signalautomatik**
Nach Druckaufbau erscheint der rote Signalstift (Typ PS 6 G, 9 G, 12 G).

⑥ **Steigrohr**
Das Pulver strömt durch das Steigrohr zur Schlauchleitung.

⑤ **Löschpistole**
Durch die abstellbare Löschpistole ist ein dosierter Einsatz möglich.

Bild 10: Pulver-Aufladelöscher mit Schlagkopfarmatur und innen liegender Treibmittelflasche

2.4.4 Dauerdruck-Pulverlöscher für Pkw

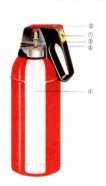

Funktion

② **Sicherungstaste** (gelb) eindrücken
Löschgerät ist einsatzbereit

② **Löschtaste** (rot) betätigen
Ventildichtkegel ③ öffnet das Ventil

④ **Steigrohr**
Das Löschpulver strömt durch das Steigrohr zur Löschdüse ⑤

Bild 11: Dauerdruck-Pulverlöscher für Pkw

2.5 Kohlendioxidlöscher

2.5.1 Kohlendioxidlöscher mit Schneebrause

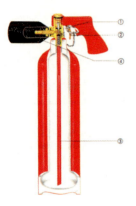

Funktion

① **Sicherungsstift** abziehen
Gerät ist einsatzbereit

② **Betägigungshebel**
am Handgriff ziehen

③ **Steigrohr**
Durch das Steigrohr strömt das CO_2 zur Löschdüse

④ **Schneebrause**
Die Schneebrause ermöglicht eine flächendeckende Löschmittelausbringung

Bild 12: Kohlendioxidlöscher
mit Schneebrause

2.5.2 Kohlendioxidlöscher mit Schneerohr

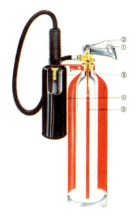

Funktion
① **Sicherungsstift** abziehen
   Gerät ist einsatzbereit
② **Auslösehebel** niederdrücken
③ **Steigrohr**
   Durch das Steigrohr strömt das CO_2 zur
   Schlauchleitung
④ **Schneerohr mit Düse** ⑤
   Das Schneerohr gewährleistet eine flächendeckende Schneeausbeute

Bild 13: Kohlendioxidlöscher mit Schneerohr

2.6 Mobile Feuerlöscher

Mobile Feuerlöscher sind Sonderlöscher, deren Gesamtgewicht in betriebsbereitem Zustand 20 kg überschreitet (Bilder 14 bis 16). Angewendet werden diese Löscherarten vorrangig in der Indus-trie. Die Zulassung erfolgt in Anlehnung an die DIN EN 3.

2.6.1 Pulver-Feuerlöschgerät

Löschmittelmenge 50 kg ABC-Pulver

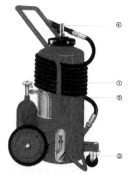

Funktion

① **Drehventil** betätigen
Stickstoff strömt über die **Druckgasleitung** ② in den Löschmittelbehälter.

③ **Steigrohr**. Über das Steigrohr gelangt das Löschmittel zur Schlauchleitung.

④ **Löschpistole**
Durch die abstellbare Löschpistole ist ein dosierter Einsatz möglich.

Bild 14: Pulverlöschgerät 50 kg ABC-Pulver

2.6.2 Schaumlöscher

Löschmittelmenge 50 l Schaummittelgemisch

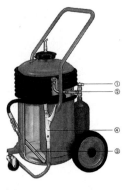

Funktion

① **Drehventil** betätigen
Stickstoff strömt über die **Druckgasleitung** ② in den Löschmittelbehälter.

③ **Steigrohr**. Über das Steigrohr gelangt das Löschmittel zur Schlauchleitung.

④ **Löschpistole**
Durch die abstellbare Löschpistole ist ein dosierter Einsatz möglich.

Bild 15: Schaumlöscher 50 l Schaummittelgemisch

2.6.3 Kohlendioxidlöscher

Löschmittelmenge bis 50 kg Kohlendioxid

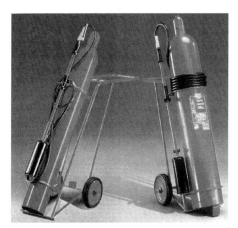

Bild 16:
Kohlendioxid-
löscher

2.7 Feuerlöscher für spezielle Einsatzgebiete

2.7.1 Feuerlöscher für Fettbrände

Dieser Feuerlöscher wurde speziell entwickelt zur Bekämpfung von Fettbränden, insbesondere für brennendes Frittierfett bzw. Frittieröl (Bild 17). Der Löscher ist mit 6 l Flüssiglöschmittel gefüllt, welches eine hohe Löschwirksamkeit bei Fettbränden sicherstellt. Der Löscher ist mit einer Spezialsprühnebeldüse ausgestat-

tet, welche eine weiche Aufbringung des Löschmittels auf den
Brandherd ermöglicht.

Auf dem Löscher wird speziell auf die Fähigkeit des Löschers
zum Löschen von Fettbränden hingewiesen.

2.8 Zubehör

Um die sichere Anordnung von Feuerlöschern zu gewährleisten
und um eine missbräuchliche Benutzung zu vermeiden, bieten
eine Vielzahl von Anbietern eine Vielzahl von Zubehörteilen für

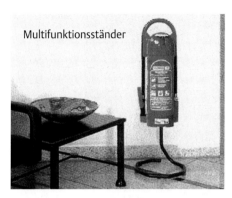

Multifunktionsständer

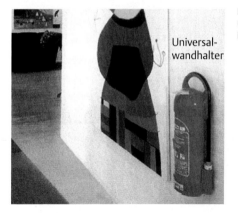

Universal-
wandhalter

Bild 19:
Universalwand-
halter

Feuerlöscher an. Besondern für die innenarchitektonische Gestaltung eines Raumes ist dies vorteilhaft. Einen kleinen Einblick bieten die Bilder 18 bis 22.

FDS 12 mit Alu-Einsatz

Bild 21: Entnahmesicherung **Bild 22:** Schutzhaube

3 Einsatzzweck

Feuerlöscher müssen entsprechend der nachfolgenden Tabelle 9 für ihren Einsatzzweck geeignet sein.

3.1 Löschvermögen

Feuerlöscher weisen ein unterschiedliches Löschvermögen auf.

Als Löschvermögen bezeichnet man die Fähigkeit eines Feuerlöschers, ein genormtes Brandobjekt mit einer maximalen Löschmittelmenge zu löschen. Das Löschvermögen ist auf dem Feuerlöscher aufgedruckt.

Die Vielzahl unterschiedlichster Arten von Feuerlöschern machte es notwendig eine Hilfsgröße einzuführen, die es ermöglicht, die Leistungsfähigkeit unterschiedlicher Feuerlöscherbauarten zu vergleichen und das Löschvermögen der Feuerlöscher zu addieren. Diese Hilfsgröße ist die Löschmitteleinheit (LE).

Tabelle 9 Eignung von Feuerlöschern für den jeweiligen Einsatzzweck

Arten von Feuerlöschern	Brandklassen DIN EN 3			
	A feste, glutbildende Stoffe	**B** flüssige oder flüssig werdende Stoffe	**C** gasförmige Stoffe, auch unter Druck	**D** brennbare Metalle (Einsatz nur mit Pulverbrause)
Pulverlöscher mit ABC-Löschpulver	+	+	+	-
Pulverlöscher mit BC-Löschpulver	-	+	+	-
Pulverlöscher mit Metallbrandpulver	-	-	-	+
Kohlendioxid-Löscher[a]	-	+	-	-
Wasserlöscher (auch mit Zusätzen, z. B. Netzmittel, Frostschutzmittel oder Korrosions-schutzmittel)	+	-	-	-
Wasserlöscher mit Zusätzen, die in Verbindung mit Wasser auch Brände der Brandklasse B löschen	+	+	-	-
Schaumlöscher	+	+	-	-

+ = geeignet
– = nicht geeignet
[a] auf Wasserfahrzeugen und schwimmenden Geräten nicht zulässig.

3.2 Ausrüstung von Arbeitsstätten mit Feuerlöschern

Die Ausrüstung von Arbeitsstätten mit Feuerlöschern erfolgt entsprechend der Berufsgenossenschaftlichen Grundsätze 133 (BGG 133), welche in Zusammenarbeit mit dem Bundesverband der Unfallversicherungsträger der öffentlichen Hand e.V., dem Bundesverband der Deutschen Industrie und dem Verband der Sachversicherer erarbeitet wurde.

Diese Regel wird von den Genehmigungsbehörden und den Feuerwehren allgemein anerkannt.

Unter dem Begriff Arbeitsstätten werden insbesondere verstanden:
- Arbeitsräume in Gebäuden,
- Ausbildungsstätten,
- Baustellen,
- Arbeitsstellen im Freien auf Betriebsgeländen,
- Verkaufsstände.

Der Arbeitsstätte zuzuordnen sind auch:
- Verkehrs- und Rettungswege,
- Lagerräume,
- Maschinenräume,
- Sonstige Nebenräume,
- Pausenräume,
- Bereitschafts- und Ruheräume,
- Umkleideräume,
- Sanitärräume,
- Sanitätsräume.

Tabelle 10: Löschmitteleinheiten und Feuerlöscherarten nach DIN EN 3

Löschmitteleinheiten	A	B
1	5 A	21 B
2	8 A	34 B
3		55 B
4	13 A	70 B
5		89 B
6	21 A	113 B
9	27 A	144 B
10	34 A	
12	43 A	183 B
15	55 A	233 B

Zulässig ist nur die Verwendung von Feuerlöschern, die amtlich geprüft und zugelassen sind. Diese Feuerlöscher erkennt man am Zulassungskennzeichen.

Für die Einstufung von Feuerlöschern ist entsprechend der DIN EN 3 das Löschvermögen maßgeblich.

Das Löschvermögen wird als Leistungsklasse durch Zahlen-Buchstaben-Kombination angegeben. Die Zahl bezeichnet das Löschobjekt, der Buchstabe die Brandklasse (Tabelle 10).

Je nach Leistung des Gerätes und des Löschmittels kann das gleiche Löschvermögen auch mit einer geringeren Löschmittelmenge erreicht werden.

Beispielsweise wird für die Zulassung eines ABC-Pulverlöschers mit 6 kg Füllmenge ein Löschvermögen von 21A 113 B gefordert. Dieses Löschvermögen kann ein entsprechend ausgerüste-

Tabelle 11: LE nach DIN 14406

Löschmittel-einheiten	Löschmitteleinheiten nach DIN 14406		
	A	B	A und B
1		K 2	
2	PG 2, W 6[a]	P 2	PG 2
3		K 6, S 10	S 10
4	W 10, S 10		
5			
6	PG 6	P 6	PG 6
9			
10	PG 10[a]		PG 10[a]
12	PG 12	P 12	PG 12
15			

[a] Feuerlöscher nach TGL sind DIN-Feuerlöschern gleichzustellen.

ter 4 kg-Löscher ebenfalls erreichen. Unabhängig von der Füllmenge ist das Löschvermögen beider Geräte gleich.

Das Löschvermögen nach DIN EN 3 kann nicht addiert werden. Deshalb wird als Hilfsgröße die »Löschmitteleinheit LE« eingeführt. Den Feuerlöschern wird eine bestimmte Anzahl von LE zugeordnet. Die vorstehend im Beispiel genannten Feuerlöscher von 4 kg bzw. 6 kg haben die gleichen Löschmitteleinheiten.

Werden Feuerlöscher für die Brandklassen A und B eingesetzt, die für die Brandklasse unterschiedliche Löschmitteleinheiten LE haben, ist der niedrigere Wert anzusetzen.

Feuerlöscher nach DIN 14406 können allein oder mit EN-Feuerlöschern zusammen verwendet werden, wenn die Zuordnung der Feuerlöscher nach Tabelle 11 erfolgt.

3.2.1 Brandgefährdung

Um eine praktikable Lösung bei der Bestückung von Arbeitsstätten mit Feuerlöschern zu erzielen, werden diese je nach Brandgefährdung in eine der folgenden Brandgefährdungsklassen eingestuft:

1. Geringe Brandgefährdung
2. Mittlere Brandgefährdung
3. Große Brandgefährdung.

3.2.1.1 Geringe Brandgefährdung

Geringe Brandgefährdung liegt vor, wenn Stoffe mit geringer Entzündbarkeit vorhanden sind und die örtlichen und betrieblichen Verhältnisse nur geringe Möglichkeiten für eine Brandentstehung bieten und wenn im Falle eines Brandes mit geringer Brandausbreitung zu rechnen ist (z. B. Eingangshallen).

3.2.1.2 Mittlere Brandgefährdung

Mittlere Brandgefährdung liegt vor, wenn Stoffe mit hoher Entzündbarkeit vorhanden sind und die örtlichen und betrieblichen Verhältnisse für die Brandentstehung günstig sind, jedoch keine große Brandausbreitung in der Anfangsphase zu erwarten ist (z. B. EDV-Bereiche).

3.2.1.3 Große Brandgefährdung

Große Brandgefährdung liegt vor, wenn durch Stoffe mit hoher Entzündbarkeit und durch örtliche und betriebliche Verhältnisse große Möglichkeiten für eine Brandentstehung gegeben sind und wenn in der Anfangsphase mit großer Brandausbreitung zu rechnen ist (Lager mit leicht entzündlichen Stoffen) oder eine Zuordnung in mittlere oder geringe Brandgefährdung nicht möglich ist.

Eine beispielhafte Zuordnung von Betriebsbereichen zur Brandgefährdung zeigen die Tabellen 12 bis 15:

Tabelle 12: Brandgefährdung für *Verkauf*, *Handel* und *Lagerung*

Verkauf, Handel, Lagerung Brandgefährdung		
gering	**mittel**	**groß**
• Lager mit nichtbrennbaren Baustoffen, z. B. Fliesen, Keramik mit geringem Verpackungsanteil • Verkaufsräume mit nichtbrennbaren Artikeln, z. B. Getränke, Pflanzen und Frischblumen, Gärtnereien, Lager mit nichtbrennbaren Stoffen und geringem Verpackungsanteil	• Lager mit brennbarem Material • Holzlager im Freien • Verkaufsräume mit brennbaren Artikeln. z.B. Buchhandel, Radio- und Fernsehhandel, Lebensmittel, Textilien, Papier, Foto, Bau- und Heimwerkermarkt, Bäckereien • Chemische Reinigung • Ausstellung/Lager für Möbel • Lagerbereich für Leergut und Verpackungsmaterial • Reifenlager	• Lager mit leicht entzündlichen bzw. leicht entflammbaren Stoffen • Speditionslager • Lager mit Lacken und Lösungsmitteln • Altpapierlager • Baumwolllager, Holzlager, Schaumstofflager

Tabelle 13: Brandgefährdung für *Verwaltung* und *Dienstleistung*

Verwaltung, Dienstleistung Brandgefährdung		
gering	**mittel**	**groß**
• Eingangs- und Empfangshallen von Theatern, Verwaltungsgebäuden • Arztpraxen • Anwaltspraxen • EDV-Bereiche ohne Papier • Bürobereiche ohne Aktenlagerung • Büchereien	• EDV-Bereiche mit Papier • Küchen • Gastbereiche in Hotels, Pensionen • Messe- und Austellungshallen • Bürobereiche mit Aktenlagerung • Archive	• Kinos, Diskotheken • Theaterbühnen • Abfallsammelräume

Tabelle 14: Brandgefährdung im *Handwerk*

Handwerk Brandgefährdung		
gering	**mittel**	**groß**
• Gärtnerei • Galvanik • Dreherei • mechanische Metallbearbeitung • Fräserei • Bohrerei • Stanzerei	• Schlosserei • Vulkanisierung • Leder/Kunstleder und Textilverarbeitung • Backbetrieb • Elektrowerkstatt	• Kfz-Werkstatt • Tischlerei/Schreinerei • Polsterei

Tabelle 15: Brandgefährdung in der *Industrie*

Industrie Brandgefährdung		
gering	**mittel**	**groß**
• Ziegelei, Betonwerk • Herstellung von Glas und Keramik • Papierherstellung im Nassbereich • Konservenfabrik • Herstellung elektronischer Artikel/Geräte • Brauereien • Getränkeherstellung • Stahlbau • Maschinenbau	• Brotfabrik • Leder und Kunststoffverarbeitung • Herstellung von Gummiwaren • Kunststoff-Spritzgießerei • Kartonagen • Montage von Kfz/Haushaltsgroßgeräten • Baustellen ohne Feuerarbeiten	• Möbelherstellung, Spanplattenherstellung • Webereien, Spinnereien • Herstellung von Papier im Trockenbereich • Verarbeitung von Papier • Getreidemühlen und Futtermittel • Baustellen mit Feuerarbeiten • Schaumstoff- und Dachpappenherstellung • Verarbeitung von brennbaren Lacken und Klebern • Lackier- und Pulverbeschichtungsanlagen und -geräte • Raffinerien • Öl-Härtereien • Druckereien • Petrochemische Anlagen • Verarbeitung von brennbaren Chemikalien

3.3 Anzahl der bereitzustellenden Feuerlöscher

Die Anzahl der bereitzustellenden Feuerlöscher ist abhängig von
der Art und dem Umfang der Brandgefährdung und der Größe des
zu schützenden Bereiches. Die für einen Bereich erforderliche Anzahl von Feuerlöschern mit dem entsprechenden Löschvermögen
für die Brandklassen A und B sind nach den Tabellen 10 und 16 zu
ermitteln. Zunächst sind ausgehend von der Brandgefährdung und
der Grundfläche nach Tabelle 16 (oder Bild 23) die Löschmitteleinheiten festzustellen. Aus Tabelle 10 kann die entsprechende
Art, Anzahl und Größe der Feuerlöscher entnommen werden, wobei die Summe der Löschmitteleinheiten der aus der Tabelle 16
entnommenen Zahl entsprechen muss.

Tabelle 16: Löschmitteleinheiten in Abhängigkeit von Grundfläche und
Brandgefährdung

Grundfläche bis m²	Löschmitteleinheiten		
	Geringe Brand-gefährdung	Mittlere Brand-gefährdung	Große Brand-gefährdung
50	6	12	18
100	9	18	27
200	12	24	36
300	15	30	45
400	18	36	54
500	21	42	63
600	24	48	72
700	27	54	81
800	30	60	90
900	33	66	99
1000	36	72	108
Je weitere 250	6	12	18

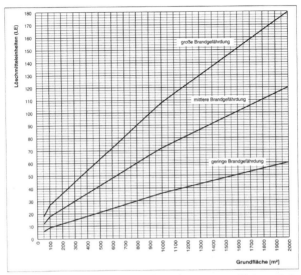

Bild 23: Löschmitteleinheiten in Abhängigkeit von Grundfläche nach Tabelle 16

Sind im zu schützenden Bereich andere geeignete Feuerlöscheinrichtungen vorhanden, so können diese berücksichtigt werden. Ausgenommen sind stationäre Löschanlagen.

Feuerlöscher mit Wasser, Wasser mit Zusätzen bzw. mit Schaum sollten, wenn sie zur Minderung der Folgeschäden geeignet sind, bevorzugt Anwendung finden.

Treten Brandgefahren durch gasförmige Stoffe oder brennbare Metalle auf, sind diese Bereiche nach den betrieblichen Erfordernissen durch Feuerlöscher zu schützen, die auch für die Brandklasse C und D zugelassen sind.

51

3.3.1 Rechenbeispiel

Brandklassen   A und B, Einsatz von Feuerlöschern nach DIN 14406

Betriebsbereich 700 m², geringe Brandgefährdung

Tabelle 16 ergibt für 700 m² – 27 LE

Tabelle 11 ergibt 6 LE für einen PG 6, 12 LE für einen PG 12 bzw. 3 LE für einen S 10. Es können also gewählt werden:

27 : 6 = 5 Feuerlöscher PG 6 oder
27 : 12 = 3 Feuerlöscher PG 12 oder
27 : 3 = 9 Feuerlöscher S 10

3.3.2 Aufstellung

Feuerlöscher sollten in einer Griffhöhe von ca. 1,10 m über dem Fußboden angebracht werden.

Die Feuerlöscher müssen gut sichtbar oder durch das Brandschutzzeichen F 04 (Feuerlöschgerät) nach VBG 125 gekennzeichnet sein (Bild 24).

Die Feuerlöscher sind gleichmäßig verteilt über den gesamten Bereich in der Nähe der Ausgänge in den Fluren oder an anderen geeigneten Stellen anzubringen.

Bild 24: Brandschutzkennzeichen
F 04

In jedem Geschoss ist mindestens ein Feuerlöscher bereitzustellen.

Für den Einsatz in staubexplosionsgefährdeten Bereichen sind besondere Festlegungen zu berücksichtigen.

4 Herstellung und Vertrieb, Prüfung, Wartung und Instandsetzung

4.1 Herstellung und Vertrieb

Auf Grund einer Verwaltungsvereinbarung zwischen den Bundesländern der Bundesrepublik Deutschland über die Prüfung und Anerkennung von Feuerlöschmitteln und Feuerlöschgeräten vom 14. Februar 1994 haben sich die Bundesländer geeinigt, dass Feuerlöschmittel und Feuerlöschgeräte nur hergestellt oder vertrieben werden dürfen, wenn sie nach einer Typprüfung staatlich zugelassen worden sind. Über die Zulassung entscheidet:

1. Der Innenminister des Landes Nordrhein-Westfalen nach Typprüfung durch das Institut der Feuerwehr des Landes Nordrhein-Westfalen, Amtliche Prüfstelle für Feuerlöschmittel und -geräte, oder
2. Das Sächsische Staatsministerium des Innern nach Typprüfung durch die Amtliche Prüfstelle für Feuerlöschmittel und -geräte bei der Materialprüfungsanstalt für das Bauwesen des Freistaates Sachsen.

4.2 Prüfung, Wartung und Instandsetzung

Die Prüfung, Wartung und Instandsetzung von Feuerlöschern darf nur von Sachkundigen durchgeführt werden.

4.2.1 Gesetzliche Grundlage

Verordnungen über Feuerlöschmittel
und Feuerlöschgeräte
Die gesetzliche Grundlage für die Prüfungs- und Instandsetzungspflicht ist durch die in allen Bundesländern gleichartige Verordnung (VO) über Feuerlöschgeräte und Feuerlöschmittel gegeben. Nach dieser VO muss der Besitzer die Feuerlöschgeräte, zu deren Bereithaltung er durch Gesetz oder aufgrund gesetzlicher Ermächtigung verpflichtet ist, in gebrauchsfähigem Zustand erhalten. Beim Nachfüllen oder Instandsetzen müssen die Leistungswerte und technischen Merkmale, die der jeweiligen Typprüfung zu Grunde lagen, gewährleistet bleiben.

Druckbehälterverordnung
Durch die Druckbehälterverordnung (DruckbehV) vom 1. Juli 1980 in der Fassung vom 12. Dezember 1996 sind die sicherheitstechnischen Anforderungen an tragbare Feuerlöscher bezüglich Herstellung und wiederkehrender Prüfung umfassend und nach Bauart reglementiert.

Die Feuerlöscher unterliegen dieser Verordnung. Dabei sind die Löschmittel- bzw. Treibmittelbehälter und Ausrüstungsteile wie folgt zugeordnet:

- Druckbehälter:
- Aufladelöscher, Feuerlöscher mit chemischer Druckerzeugung.
- Druckgasbehälter:
- Dauerdrucklöscher,
- Gaslöscher,
- Treibgaspatronen (Volumen > 10 cm^3).

4.2.2 Prüfung (Inspektion)

Die Prüfung von Feuerlöschern umfasst alle erforderlichen Maßnahmen zur Feststellung und Beurteilung des Istzustandes des Gerätes

4.2.2.1 Zeitintervall

Um die ständige Funktionsbereitschaft sicherzustellen, muss jeder Löscher durch einen Sachkundigen in regelmäßigen Zeitabständen, die nicht länger als zwei Jahre sein dürfen, geprüft werden. Die Zeitabstände zwischen zwei Prüfungen können gegebenenfalls kürzer sein, wenn dies anderweitig festgelegt ist.

Beispiele:

- § 35 g der Straßenverkehrszulassungsordnung (StVZO) schreibt für Löscher in Kraftomnibussen die Prüfung innerhalb von 12 Monaten vor.
- Die Technische Richtlinie zur Gefahrgutverordnung-Straße TRS 003 schreibt bei Gefahrguttransporten eine Prüfung innerhalb von 12 Monaten vor.

• Die »Berufsgenossenschaftlichen Grundsätze für die Ausrüstung von Arbeitsplätzen mit Feuerlöschern« schreiben vor, dass Löscher regelmäßig mindestens alle zwei Jahre durch Sachkundige zu prüfen sind. Bei hohen Brandrisiken oder starker Beanspruchung durch Umwelteinflüsse können kürzere Zeitabstände erforderlich sein.

4.2.3 Wartung

Bei einer Wartung werden Maßnahmen zur Bewahrung des Sollzustandes von technischen Mitteln eines Systems durchgeführt.

4.2.4 Instandsetzung

Die Instandsetzung beinhaltet Maßnahmen zur Wiederherstellung des Sollzustandes von technischen Mitteln eines Systems. Für tragbare Feuerlöscher bedeutet dies das Füllen, das Beseitigen von Schäden oder Mängeln und den Austausch von Bauteilen.

4.2.5 Instandhaltung

Sie beinhaltet Maßnahmen zur Bewachung und Sicherstellung des Sollzustandes sowie zur Festlegung und Beurteilung des Istzustandes von technischen Mitteln eines Systems.

Für tragbare Feuerlöscher umfasst dies *Prüfung* (Inspektion), *Wartung* und *Instandsetzung* um die Funktionsbereitschaft sicherzustellen.

4.2.5.1 DIN 14406

Das *Normblatt DIN 14 406 Teil 4* vom Dezember 1984 enthält Festlegungen, die für die Instandhaltung der tragbaren Löscher durch Sachkundige zu Grunde gelegt werden sollen.

Außerdem bieten die Festlegungen dieser Norm allen Beteiligten Informationen und Handhabungen über die Durchführung der Instandhaltung von tragbaren Feuerlöschern.

Der Vorschlag für eine Europäische Norm DIN 14406–4 vom Februar 1996 wurde gemäß DIN-Mitteilung 4/99 zurückgezogen.

4.2.5.2 Sachkundiger

Sachkundiger für eine Prüfung ist nur:
- Wer die Gewähr in sicherheitstechnischer und brandschutztechnischer Hinsicht, für die ordnungsgemäße Prüfung, Wartung und Instandsetzung übernimmt.
- Wer die erforderliche persönliche Zuverlässigkeit besitzt.
- Wer die Rechtsvorschriften und einschlägigen, allgemein anerkannten Regeln der Technik für diese Tätigkeit beherrscht.
- Wer eine mindestens 3 Monate dauernde Ausbildung absolviert hat.
- Wer seinen Kenntnisstand laufend aktualisiert und
- wer schriftlich legitimiert ist (Bild 25).

4.2.5.3 Durchführung der Instandhaltung

Grundlage der Instandhaltung von Feuerlöschern sind die gültigen Prüf- und Füllbestimmungen der Hersteller und der folgende Prüfumfang.

Legitimation als Sachkundiger für die Instandhaltung von tragbaren Feuerlöschern

Hiermit werden Sie Vorname: ____________________

Name: ____________________

Anschrift: ____________________

____

legitimiert, als Sachkundiger nach DIN 14 406 Teil 4 die Instandhaltung von tragbaren Feuerlöschern durchzuführen.

Bei der Ausübung Ihrer Prüftätigkeit unterliegen Sie keinen Weisungen, die den Prüfumfang und Ihren Beurteilungsmaßstab einschränken.

Diese Legitimation ist ausgegeben am ____________________ und gilt bis ____________________

Der oben Genannte hat dem Unterzeichner seine Ausbildung, seine Kenntnisse und seine durch praktische Tätigkeit gewonnenen Erfahrungen nachgewiesen.

____________________ (Ort und Datum)

____________________ (Stempel und Unterschrift)

Bild 25: Sachkundigen-Nachweis

Prüfumfang

Es sind zu prüfen:

- Allgemeiner Zustand, Sauberkeit,
- Lesbarkeit, Vollständigkeit und Richtigkeit der Beschriftung,
- Armaturen, Schläuche und Sicherungen,
- Fälligkeit von Prüffristen nach der Druckbehälterverordnung. *Anmerkung*: Behälter der Dauerdrucklöscher und Gaslöscher und deren druckbeaufschlagte Ausrüstungsstelle müssen nach der Druckbehälterverordnung der wiederkehrenden Prüfung durch Sachverständige unterzogen werden.
- Schutzanstriche (z. B. auf Korrosionserscheinungen),

- Kunststoff-Formteile auf Beschädigungen (z. B. Brüche, Verformungen, Risse, Verfärbungen),
- Auslöse- und Unterbrechungseinrichtungen,
- Gewicht oder Volumen des Löschmittels,
- Gewindeanschlüsse hinsichtlich mechanischer Beschädigungen und Gängigkeit,
- Weitere Verwendbarkeit oder Wiederverwendbarkeit des Löschmittels und Beschaffenheit des Innenraums des Löschmittelbehälters durch Sichtprüfung (entfällt bei Kohlendioxid). Auch wenn dies bei Dauerdrucklöschern mit dem Löschmittel Pulver zweifelsfrei – in Eigenverantwortung des Sachkundigen – ohne Öffnen des Löschmittelbehälters beurteilt werden kann, muss der Löschmittelbehälter in einem Zeitabstand geöffnet werden, der nicht länger als vier Jahre dauern darf.
- Sicherheitseinrichtungen hinsichtlich Beschädigungen und Korrosionserscheinungen,
- Dichtstellen und Dichtungen,
- Kanäle und Leitungen, durch die Löschmittel und/oder Treibmittel transportiert werden, hinsichtlich Beschädigungen, Korrosionserscheinungen und freien Durchgang,
- Bei Aufladelöschern Druck oder Gewicht des Treibgases.

Weitere Maßnahmen:
- Funktionsbereitschaft des Löschers wieder herstellen; soweit erforderlich durch Instandsetzung; Dauerdrucklöscher auch hinsichtlich Dichtheit prüfen.

- Beschriftung nach Abschluss der Instandhaltung oder dem Füllen sind anzubringen,
- Löscherhalterung – sofern bei Prüfung zugänglich – hinsichtlich Beschädigungen und der Befestigung prüfen.

In den Prüf- und Füllvorschriften der Hersteller wird dem Grundsatz der DIN entsprochen, dass Leistungswerte und technische Merkmale, die der Zulassung und der brandschutztechnischen Typprüfung des Löschers zu Grunde lagen, bei der Instandhaltung sichergestellt bleiben. Deshalb dürfen nur die durch die Zulassung bestätigten Löschmittel, Treibmittel und Bauteile (als Ersatz) verwendet werden.

4.2.5.4 Beschriftung nach Instandhaltung

Die ordnungsgemäß durchgeführte Prüfung der Feuerlöscher muss der Besitzer auf Verlangen nachweisen. Zum Nachweis muss auf dem Löscher jeweils nach der Instandhaltung ein Schild (siehe Bild 26) mit deutlich lesbarer und dauerhaft erkennbarer Beschriftung aus Folie mit selbstklebender, druckhaftender Klebeschicht neben oder unter der Beschriftung nach DIN EN 3 Teil 5 angebracht werden. Im oberen Feld sind das Wort »Instandhaltungsnachweis« sowie Name und Anschrift des Sachkundigen und oder der ihn autorisierenden Stelle (z. B. Arbeitgeber) anzubringen. Wird diese Stelle nicht genannt, muss zusätzlich im unteren Feld der Name des Sachkundigen oder die ihm zugeordnete Prüfernummer angegeben sein, sofern z. B. Rechtsvorschriften nichts Anderes vorschreiben. Im unteren Feld ist das Datum der Prüfung bzw. Instandhaltung anzugeben. Der Termin für die nächste Prüfung darf zusätzlich angegeben werden. Im unteren Feld ist außer-

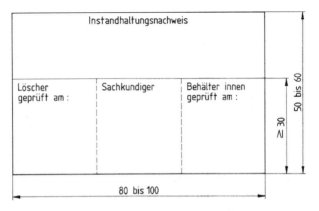

Bild 26: Instandhaltungsnachweis (aus DIN 14 406 Teil 4)
Maße in mm

dem das Datum anzugeben, wenn entsprechend der Tabelle »Prüfumfang« der Löschmittelbehälter geöffnet wurde. In Verbindung damit muss im Inneren des Dauerdruck-Pulverlöschers dauerhaft angegeben sein, wann und von wem der Behälter geöffnet wurde. Als Zeitangaben sind Monat und Jahr ausreichend, sofern die Angabe des Tages nicht ausdrücklich gefordert ist. Die Verwendung von Plaketten ist zulässig.

5 Der Einsatz von Feuerlöschern

Feuerlöscher sind Selbsthilfeeinrichtungen, die dazu dienen, einen Entstehungsbrand wirkungsvoll zu bekämpfen. Die Funktionsdauer eines Feuerlöschers ist in Abhängigkeit von der Füllmenge und der Art des Feuerlöschers beschränkt; sie beträgt ca. 15 bis 62 Sekunden. In dieser Zeit gilt es, durch den richtigen Einsatz eines Feuerlöschers den Brand zu löschen. Um im Ernstfall die richtige Handhabung eines Feuerlöschers zu beherrschen, ist es erforderlich, den Umgang mit Feuerlöschern zu schulen.

5.1 Gesetzliche und sonstige Grundlagen

Über das Verhalten im Brandfall, wozu auch der richtige Einsatz von Feuerlöschern zählt, ist jeder Beschäftigte zu unterweisen. Verantwortlich für diese Unterweisung ist in jedem Fall der Unternehmer. Diese Verpflichtung ergibt sich u. a. aus:

- Arbeitsschutzgesetz § 5

Der Arbeitgeber hat durch eine Beurteilung zu ermitteln, welche Maßnahmen des Arbeitsschutzes erforderlich sind. Eine Gefährdung kann sich insbesondere ergeben durch ... unzureichende Qualifikation und Unterweisung ...

- Arbeitsschutzgesetz § 12

Der Arbeitgeber hat die Beschäftigten ... ausreichend und angemessen zu unterweisen. Die Unterweisung muss an die Gefährdungsentwicklung angepasst sein und ggf. wiederholt werden.

- Vorschriften der Berufsgenossenschaften VBG 1 § 7

Der Unternehmer hat die Versicherten ... vor der Beschäftigung und danach in angemessenen Zeitabständen mindestens jedoch einmal jährlich zu unterweisen.

- Vorschriften der Berufsgenossenschaften VBG 1 § 43

Mit der Handhabung von Feuerlöscheinrichtungen sind Personen in ausreichender Zahl vertraut zu machen.

- Vorschriften der Berufsgenossenschaften VBG 125 § 5

Die Versicherten sind über sämtliche zu ergreifende Maßnahmen im Hinblick auf die Sicherheits- und Gesundheitsschutzkennzeichnung ... zu unterrichten. Die Versicherten sind vor Arbeitsaufnahme und danach mindestens einmal jährlich ... zu unterweisen.

- Berufsgenossenschaftliche Grundsätze 133

Eine ausreichende Anzahl von Personen ist in der Handhabung von Feuerlöschern zu unterweisen. Dort wo es die örtlichen Verhältnisse zulassen, empfiehlt es sich in regelmäßigen Abständen praktische Löschübungen mit Feuerlöschern abzuhalten.

● Richtlinie des Verbandes der Schadensversicherer VdS 2001 5.2
Eine ausreichende Anzahl von Personen ist in der Handhabung
von Feuerlöschern zu unterweisen. Dort wo es die örtlichen Ver-
hältnisse zulassen, empfiehlt es sich in regelmäßigen Abständen
praktische Löschübungen mit Feuerlöschern abzuhalten.

5.2 Richtige Handhabung von Feuerlöschern

Der richtige Einsatz eines Feuerlöschers ist Voraussetzung für eine
erfolgreiche Brandbekämpfung (Bild 27).

Benutzte oder in Betrieb gesetzte Feuerlöscher niemals wieder
an den Bereitstellungsort bringen, sondern unverzüglich durch
einsatzbereite Löscher austauschen.

5.3 Trainingsgeräte

Mobile Feuerlöschtrainer simulieren einen echten Brand, wobei
verschiedenste Gefahrensituationen nachgestellt werden können.
Sie werden dem Tätigkeitsbereich der Übenden angepasst, wie
z. B. Entstehungsbrände von
– Papierkörben,
– PC-Bildschirmen,
– Elektromotoren,
– Schaltschränken,
– Fritteusen,
– Flüssigkeitsbränden.

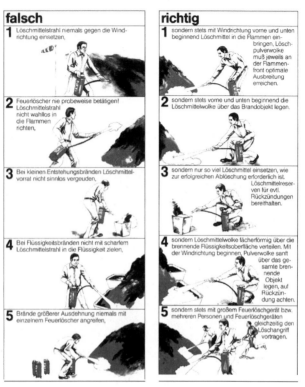

falsch

1 Löschmittelstrahl niemals gegen die Windrichtung einsetzen,

2 Feuerlöscher nie probeweise betätigen! Löschmittelstrahl nicht wahllos in die Flammen richten,

3 Bei kleinen Entstehungsbränden Löschmittelvorrat nicht sinnlos vergeuden,

4 Bei Flüssigkeitsbränden nicht mit scharfem Löschmittelstrahl in die Flüssigkeit zielen,

5 Brände größerer Ausdehnung niemals mit einzelnem Feuerlöscher angreifen,

richtig

1 sondern stets mit Windrichtung vorne und unten beginnend Löschmittel in die Flammen einbringen, Löschpulverwolke muß jeweils an der Flammenfront optimale Ausbreitung erreichen.

2 sondern stets vorne und unten beginnend die Löschmittelwolke über das Brandobjekt legen.

3 sondern nur so viel Löschmittel einsetzen, wie zur erfolgreichen Ablöschung erforderlich ist. Löschmittelreserven für evtl. Rückzündungen bereithalten.

4 sondern Löschmittelwolke fächerförmig über die brennende Flüssigkeitsoberfläche verteilen. Mit der Windrichtung beginnen, Pulverwolke sanft über das gesamte brennende Objekt legen, auf Rückzündung achten.

5 sondern stets mit großem Feuerlöschgerät bzw. mehreren Personen und Feuerlöschgeräten gleichzeitig den Löschangriff vortragen.

Bild 27: Richtiger Einsatz von Feuerlöschern

66

Die Übungsanlagen können auch eine Rückzündung bei einem vermeintlich gelöschten Brand darstellen.

Aus Umwelt- und Kostengründen werden vorrangig wassergefüllte Übungslöscher eingesetzt, die mit einem 6 kg Pulverlöscher vergleichbar sind. Die Übungslöscher können während des Trainings aus der Wasserleitung mit Wasser gefüllt werden und z. B. mittels eines 220 V-Kompressors mit dem entsprechenden Betriebsdruck versehen werden. Auf Grund der vorrangig verwendeten Übungsmedien (Gas, Wasser, Druckluft) entstehen beim Üben keine umweltschädigenden Rückstände.

Übungslöscher werden durch Herstellerfirmen von Feuerlöschern vertrieben.

Quellenverzeichnis

1. DIN EN 3, Beuth Verlag GmbH Berlin, Burggrafenstraße 6, 10787 Berlin.
2. DIN 14406–4, Beuth Verlag GmbH Berlin, Burggrafenstraße 6, 10787 Berlin.
3. Berufsgenossenschaftliche Grundsätze 133, Carl Heymann Verlag KG.
4. Gloria-Planungsunterlagen, Gloria Feuerlöschgeräte und -anlagen, Postfach 1160, 59321 Wadersloh/Westf.
5. *Training zum Einsatz von Handfeuerlöschern*, Schadenprisma Heft 2/2000.

IV

Mengenpreise:
Ab 25 Exemplaren 5% Nachlaß, ab 50 Exemplaren 10% Nachlaß,
ab 100 Exemplaren 15% Nachlaß. Nachlässe bei größeren Bestellungen
bitte beim Verlag erfragen!
Preise zur Zeit der Drucklegung. Änderungen vorbehalten.